图书在版编目（CIP）数据

火箭 Z 档案 / 胡浩，程雷编著；贺璐绘画 . —北京：北京日报出版社，2024.6

ISBN 978-7-5477-4867-1

Ⅰ.①火… Ⅱ. ①胡… ②程… ③贺… Ⅲ. ①火箭－青少年读物 Ⅳ.V475.1-49

中国国家版本馆 CIP 数据核字（2024）第 028745 号

火箭Z档案

责任编辑：秦　姚
出版发行：北京日报出版社
地　　址：北京市东城区东单三条8-16号东方广场东配楼四层
邮　　编：100005
电　　话：发行部：（010）65255876
总编室：（010）65252135
印　　刷：晟德（天津）印刷有限公司
经　　销：各地新华书店
版　　次：2024年6月第1版
2024年6月第1次印刷
开　　本：889毫米 × 1194毫米　1/16
印　　张：2.25
字　　数：80千字
定　　价：49.80元

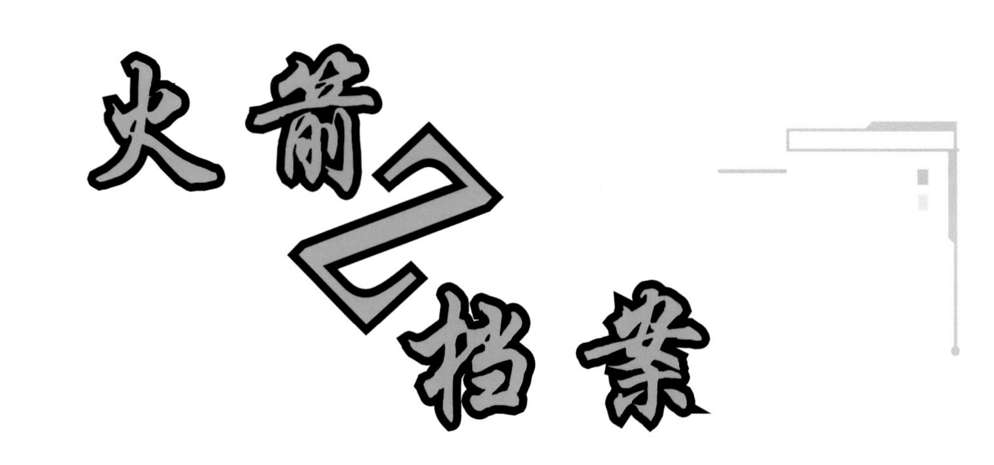

火箭之档案

胡浩 程雷 / 编著

贺璐 / 绘画

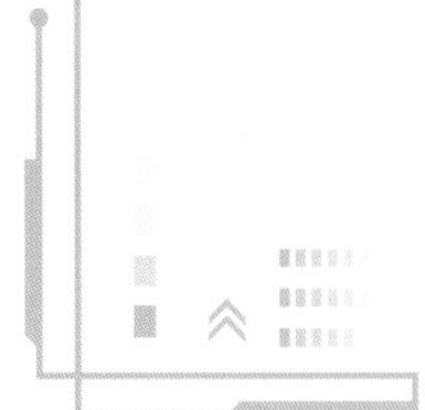

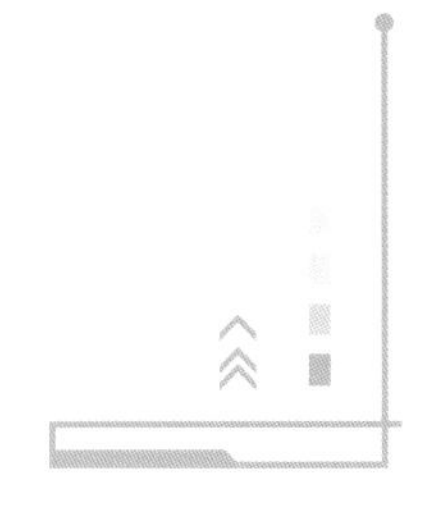

北京日报出版社

Z档案【01】

世界上最古老的火箭——古代中国火箭

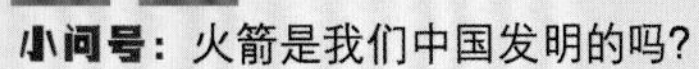

小问号：火箭是我们中国发明的吗？

Z博士：火箭分古代火箭和现代火箭。古代中国火药的发明催生了火箭的发明和使用。我国古代的火箭有箭头、箭杆、箭羽和火药筒四大部分。点火后，火药在筒中燃烧，产生大量气体，高速向后喷射，产生向前的推力。这就是现代火箭的雏形，火药筒就相当于现代火箭的推进系统。

火箭发展历史

三国时代（公元228年）▶▶▶

"火箭"一词开始出现。

唐末宋初（公元10世纪）▶▶▶

《九国志》里出现将火药用于制造火箭的文字记载。

北宋年间（公元10世纪后期）◀◀◀

人类历史上最早、最原始的"火药箭"出现。

北宋后期（公元10世纪后期）◀◀◀

利用火药燃气的反作用力能够高飞和升空的娱乐工具"流星"、爆竹已具有火箭的特点。

宋金元时期（10-13世纪）▶▶▶

火枪、震天雷炮、霹雳炮等火药武器在战争中得到应用，还出现了和现代的火焰喷射器相似的"飞天炮"。

约在13世纪末至14世纪初 ▶▶▶

中国的火药与火箭等火器技术传到了印度、阿拉伯，并经阿拉伯传到了欧洲。

14世纪末 ◀◀◀

中国的万户借助"火箭"的推力和风筝的气动力尝试"飞天"。
万户的勇敢尝试虽遭失败，但他仍是世界上第一个想利用火箭的力量进行飞行的人。今天，为了纪念这位传奇式的人物，国际天文联合会将月球表面东方海附近的一座环形山以"万户"命名。

"一窝蜂"

元、明代 ▶▶▶

出现了"二虎追羊"箭、"九龙"箭、"一窝蜂"箭，"神火飞鸦"利用了火箭多级串联或并联（捆绑）的技术。明代的火箭，样式增多，威力变大，大概可以分为单级火箭和二级火箭。其中，单级火箭又分为单发火箭和多发火箭。

"神火飞鸦"

明代后期 ◀◀◀

世界上最早的二级火箭"火龙出水"问世，战场上还出现了可以回收的二级火箭"飞空沙筒"。古代火箭技术进入高级阶段。

"火龙出水"

拓展阅读

古代中国的火药与火箭等火器技术逐步传到了欧洲、印度等地。1379年在意大利的帕多亚战争中，欧洲人最早使用火箭兵器。18世纪后期，印度军队在抗击英、法军队的多次战役中成功使用了火药火箭，其射程超过1千米。

Z档案【02】

世界上最早的现代火箭——美国液燃助推火箭

小问号： 古代火箭的起源地是中国，那么现代火箭也诞生在中国吗？

Z博士： 不是。1926年3月，美国科学家罗伯特·戈达德成功进行了世界上第一枚液体火箭的发射试验，标志着现代火箭的诞生。

现代火箭发展进程

1897年
发表“齐奥尔科夫斯基公式”

苏联科学家康斯坦丁·齐奥尔科夫斯基最初提出“人类乘坐火箭进入太空”。他认为，多级火箭是实现太空飞行的“最有效工具”。为了计算出火箭的推进力，他首次发表“齐奥尔科夫斯基公式”，直到现在仍作为火箭理论的基本公式而被使用。齐奥尔科夫斯基被公认为现代宇宙航行学的奠基人，也被称为“航天之父”。

$$\Delta V = V_e \ln \frac{m_0}{m_1}$$

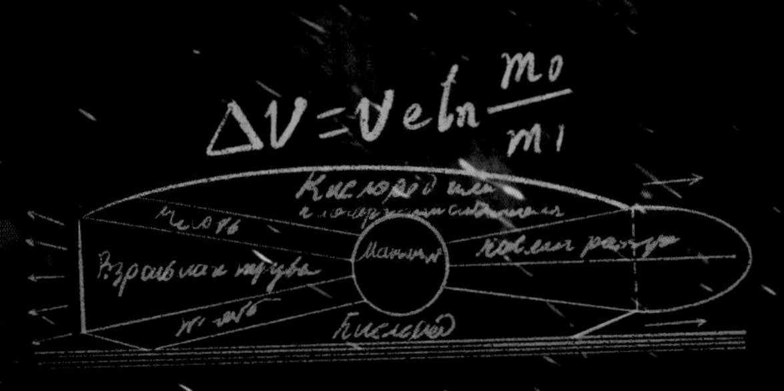

1926年3月16日

功发射了人类历史上第一枚液体燃料火箭

1926年3月16日，在马萨诸塞州新兰格一个租来的农场，美国人罗伯特·戈达德进行了世界上第一次液体火箭试验。成功发射升空的火箭高约1.2米、直径约0.15米，用液态氧和汽油为推进剂，并且携带了简单的仪器进行高空研究。点火后火箭飞了25秒，约12米高、56米远。虽然仅仅只有12米的高度，但对于人类来说，代表了人类探索宇宙跨出了巨大的一步。火箭开发从这一刻起，才是真正意义上的开始。

1942年

“V-2火箭”成功发射

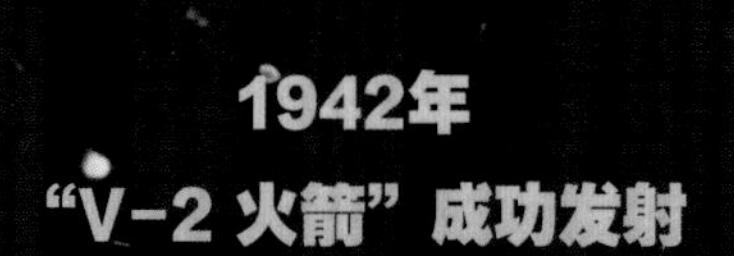

“V-2火箭”是德国科学家冯·布劳恩研制发射成功的，是第一枚大型火箭导弹，也是世界上最早投入实战使用的弹道导弹。V-2是单级液体火箭，全长14米，重13吨，直径1.65米，发动机推力260千牛，最大射程320千米，射高96千米，弹头重1吨。V-2在工程技术上实现了宇航先驱的技术设想，对现代大型火箭的发展起了承上启下的作用，成为航天发展史上一个重要的里程碑。

Z档案【03】

世界上最早的探空火箭——美国女兵下士火箭

“

Z博士：现代火箭利用反冲力推进飞行装置，很多科学家就开始研究，如何让V-2 火箭发挥更大的作用。于是他们在发射试验中尝试让V-2携带科学仪器，作为火箭的工程发射尝试，又可以用于高空探测，这样探空火箭就发展起来。

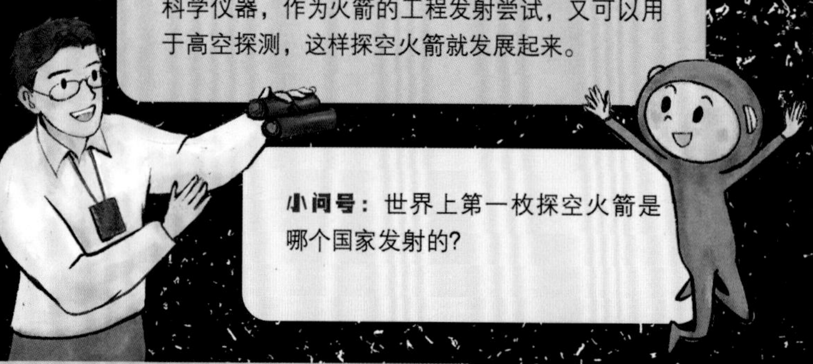

小问号：世界上第一枚探空火箭是哪个国家发射的?

Z博士：1945年秋，美国发射了世界上第一枚专门用于高空大气探测的火箭“女兵下士”（WAC-Corporal）火箭。

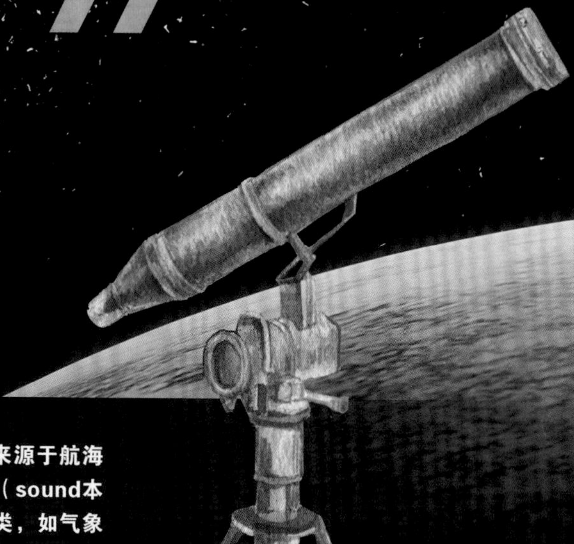

”

“探空火箭”的“探空”（sounding）来源于航海术语“to sound”，意思就是“去测量”（sound本义是听）。探空火箭通常可按研究对象分类，如气象火箭、生物火箭、地球物理火箭等。气象火箭多用于100千米以下高度的大气常规探测。生物火箭用于外层空间的生物学研究。地球物理火箭用于地球物理参数探测，使用高度大多在120千米以上。

探空火箭发展进程

1945年10月11日

美国研制的“女兵下士”探空火箭发射升空。9月26日至10月25日期间，探空火箭进行了多次发射试验。在10月11日的试验中，一枚“女兵下士”飞达72.8千米的高度，这是美国第一枚取得高度成功的探空火箭，为后来美国探空火箭以及运载火箭的发展提供了直接的技术基础。

1945年秋后

美国和苏联利用缴获的V-2火箭发射了一批探空火箭。其中的地球物理火箭将2.2吨负载（内有80千克科学仪器）带到了212千米的高空。

20世纪50年代

国际地球物理年活动大大推动了探空火箭的发展，许多国家开始了探空火箭的研制。

20世纪80年代

世界上已有20多个国家发展或使用了探空火箭。探空火箭的年发射量高达数千枚。

拓展阅读　中国第一枚探空火箭

1960年2月19日，中国第一枚试验型T-7M液体探空火箭，在上海市南汇县（今已划入浦东新区）的一处海滨地带胜利升空，打开了中国航天史上的第一页。这是中国航天事业的开端。从此，中国就开启了航天事业的伟大征程。

Z档案【04】

世界上最早的运载火箭——苏联卫星号火箭

小问号：小推车能推这么沉的东西，是不是有些火箭既能驮着很重的设备，又能飞得远呢？

Z博士：我们来了解一下运载火箭。如果探空火箭是小推车，运载火箭就是大卡车。运载火箭的结构更加复杂，能带更多的载荷入轨。世界上第一枚运载火箭诞生在苏联，它的名字叫“卫星号”，1957年10月4日，苏联发射了世界上第一颗人造地球卫星，就是搭载的“卫星号”火箭飞向太空。

“卫星号”运载火箭档案

“卫星号”运载火箭采用级间配置的两级（或称一级半）结构，由4个助推火箭对称捆绑在中央的芯级周围组成，用来发射椭圆轨道卫星。火箭芯级长28米，直径2.95米。助推火箭长19米，底部直径3米，尾部外侧固定一个三角形尾翼。助推火箭外形呈渐缩锥形。“卫星号”运载火箭经过升级，先后派生出“东方号”“闪电号”“联盟号”，成为当时用途最广、使用次数最多的一种运载火箭系列。（数据来源：《苏联卫星号运载火箭》兆然《航空知识》）

“卫星号”运载火箭的性能参数	
起飞重量（吨）	267
第二级初始重量（吨）	58
有效载荷重量（吨）	1.327
燃料重量（吨）	245
发动机推力（吨）	
第一级（地面）	398
第二级（真空）	93
比冲（秒）	
第一级（地面）	250
第二级（真空）	308
全长（米）	29.167
最大宽度（米）	10.3
最大速度（米/秒）	8000

表格数据来源：《苏联的五种运载火箭》周以蕴等《国外导弹与宇航》

美国第一枚运载火
“丘辟特—C”运载

1958年2月1日，火箭从卡纳维拉尔飞，将美国首颗人球卫星“探险者号送入轨道，这是联“卫星”号之后，二个拥有发射卫星的运载火箭。

世界各国第一枚运载火箭

法国第一枚运载火箭

“钻石”A运载火箭

965年11月26日，法国用独立研制的首枚运火箭“钻石”A，将为“试验卫星”A-1实验卫星送入轨道。

日本第一枚运载火箭

兰达-4S运载火箭

1970年2月11日，日本使用兰达—4S—5(L—4S—5)运载火箭，将名为“大隅”的试验卫星送入轨道。这使日本成为继苏、美、法之后，第四个拥有卫星发射能力的国家。

中国第一枚运载火箭

“长征”一号运载火箭

1970年4月24日，在酒泉卫星发射场，我国自主研制的“长征”一号运载火箭将我国首颗人造卫星“东方红”一号送入轨道，使我国成为第五个独立发射卫星的国家。

英国第一枚运载火箭

“黑箭”运载火箭

1971年10月28日，在澳大利亚的伍默拉发射场，英国使用“黑箭”运载火箭，将“普洛斯彼罗”人造卫星送入轨道，是世界上第六个拥有独立发射卫星能力的国家。

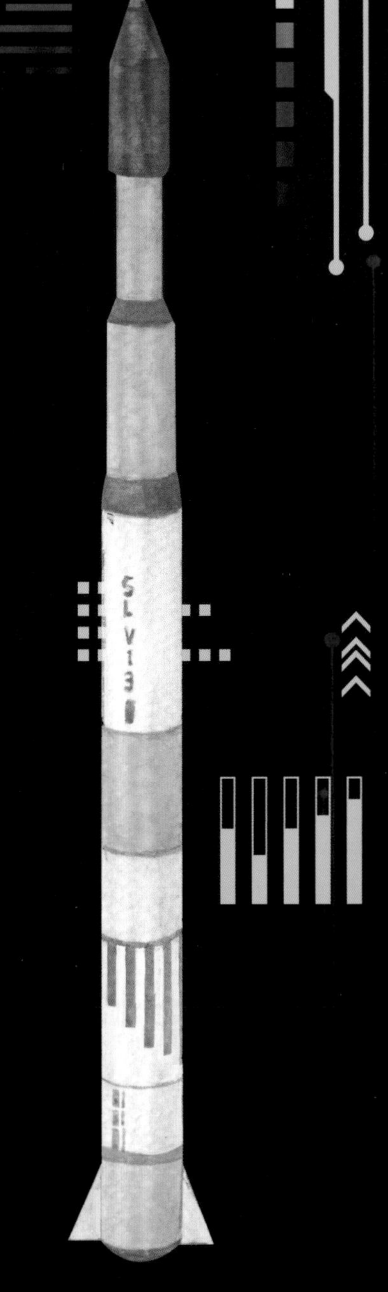

印度第一枚运载火箭

SLV-3运载火箭

1980年7月18日，印度使用名为“卫星运载火箭”-3(SLV-3)的运载火箭，将“罗希尼”卫星送入轨道，是世界上第七个拥有独立发射卫星能力的国家。

Z档案【05】世界上最早的载人火箭——苏联“东方号”火箭

小问号：我们学校邀请了杨利伟叔叔来讲座，他是我国进入太空的第一人。世界上第一个进入太空的人是谁？坐的哪个火箭呢？

Z博士：1961年4月12日，世界上第一枚载人运载火箭——苏联“东方号”运载火箭把世界上第一位航天员尤里·阿列克谢耶维奇·加加林送入轨道，绕地球飞行一圈后安全返回地面。这次飞行开创了人类航天新纪元。

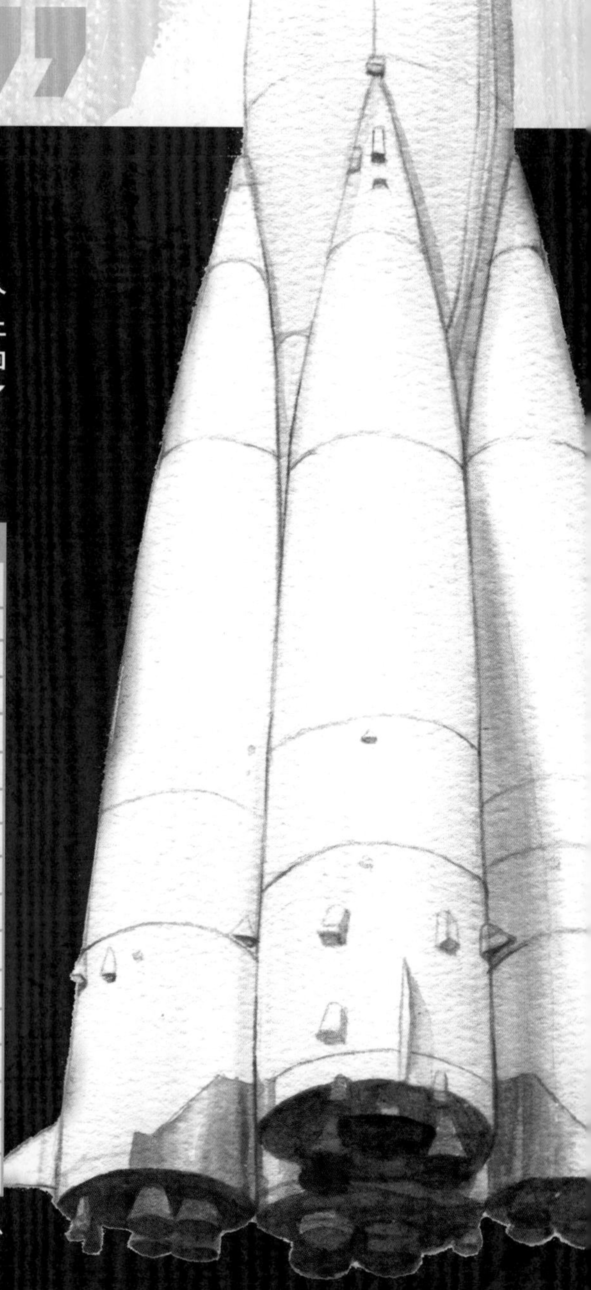

“东方号”运载火箭档案

苏联研制“东方号”运载火箭本结构是在“卫星号”运载火箭上面增加一个第三级，目的之一是要把一名宇航员安全地送上地球轨道，然后再从轨道上返回地面。1961年4月12日，苏联宇航员加加林被送上地球轨道，并安全返回地面，标志着这种运载火箭已研制成功。由于这种火箭第一次正式发射了“东方号”宇宙飞船，因此它也被命名为“东方号”运载火箭。

头部整流罩
有效载荷
液氧贮箱
隔热板
煤油贮箱
姿控喷管
液体发动机
过度级桁架
钛制反射器
芯级仪器舱

“东方号”运载火箭头部结构

“东方号”运载火箭的主要参数

性　能	月球探测器	载人飞行
起飞重量（吨）	279	287
初始重量（吨）		
第二级	67	77
第三级	8.5	12.5
有效载荷重量（吨）	0.278	4.725
推进剂重量（吨）	255	258
发动机推力（吨）		
第一级地面推力	408	408
第二级真空推力	95	95
第三级真空推力	5	5.61
发动机比冲（秒）		
第一级发动机（地面）	254	254
第二级发动机（真空）	315	315
第三级发动机（真空）	318	326
火箭全长（米）	33.5	38.35
火箭的最大宽度（米）	10.3	10.3
最大速度（米/秒）	11200	8000

表格数据来源：《苏联的五种运载火箭》周以蕴等《国外导弹与宇航》

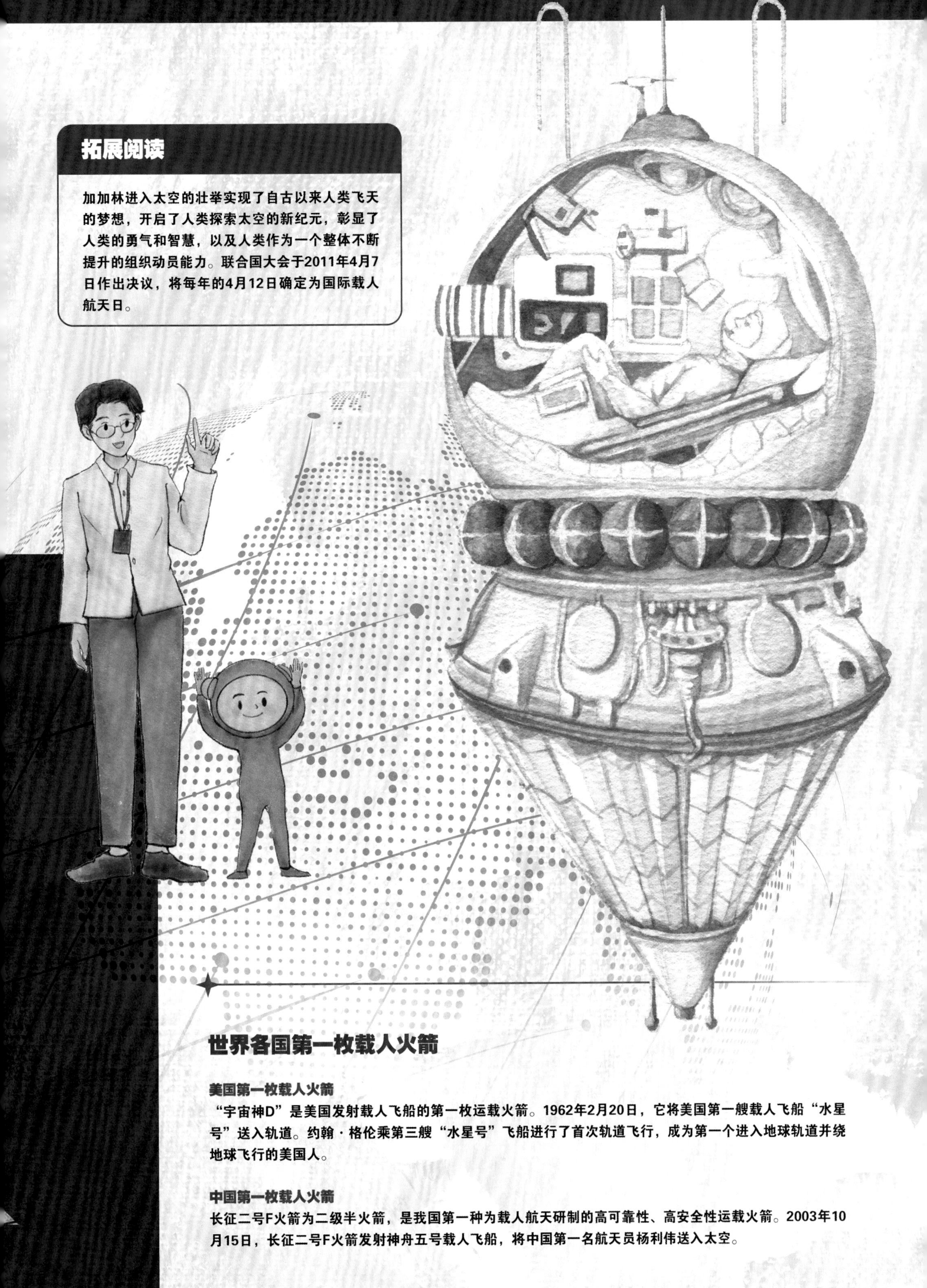

拓展阅读

加加林进入太空的壮举实现了自古以来人类飞天的梦想，开启了人类探索太空的新纪元，彰显了人类的勇气和智慧，以及人类作为一个整体不断提升的组织动员能力。联合国大会于2011年4月7日作出决议，将每年的4月12日确定为国际载人航天日。

世界各国第一枚载人火箭

美国第一枚载人火箭

“宇宙神D”是美国发射载人飞船的第一枚运载火箭。1962年2月20日，它将美国第一艘载人飞船“水星号”送入轨道。约翰·格伦乘第三艘“水星号”飞船进行了首次轨道飞行，成为第一个进入地球轨道并绕地球飞行的美国人。

中国第一枚载人火箭

长征二号F火箭为二级半火箭，是我国第一种为载人航天研制的高可靠性、高安全性运载火箭。2003年10月15日，长征二号F火箭发射神舟五号载人飞船，将中国第一名航天员杨利伟送入太空。

世界上最高的火箭——美国土星5号运载火箭

小问号：如果让所有的火箭也像我们一样来排队，谁会是最高大的火箭呢？

Z博士：世界上最高的火箭是美国的土星5号，它的身高达到了110.6米，相当于36层楼的高度；土星5号的直径有10.1米，是迄今为止世界上使用过的体积最大、自重最重的火箭。

阿波罗宇宙飞船

逃生舱

指挥舱

服务舱

“老鹰”登月舱

仪器设备室

第三级

级间壳

第二级

级间壳

第一级

土星5号运载火箭的主要参数	
中文译名	土星5号
其他译名	农神五号
英文名称	Saturn-V
制造国家	美国
设计师	沃纳·冯·布劳恩（德）
用途	不可重复使用的重型运载火箭
首次发射	1967年11月9日（阿波罗4号）
发射场	肯尼迪航天中心
总发射次数	13
成功次数	12
现状	退役
级数	3
高度	110.6 米
直径	10.1 米
质量	3,039,000 千克
推力	33,997,278 吨
运载能力	LEO 119,000 千克
	TLI 45,000 千克

拓展阅读

世界上第二高的火箭是苏联研发的用来将苏联宇航员送到月球的N-1运载火箭，它高达105米，仅次于美国土星5号，直径最宽处达17米。十分可惜的是N-1火箭连续4次试射均在升空后不久爆炸，最终退出历史舞台。

世界上第三高的火箭是由美国 NASA 研发的空间发射系统（Space Launch System，简称“SLS”）重型运载火箭。SLS 正在分三个主要阶段开发：Block 1、Block 1B 和 Block 2，目前已经发射成功的 Block 1（载人版）高度为 98 米，而预想设计中，后两者的高度均超过 Block 1，也许在未来的不久，世界上最高的火箭数据将被刷新。

110.6 米是什么概念呢？有人曾经将土星 5 号火箭和美国著名的自由女神像做了比较，美国自由女神像全高 93 米（从地面至火炬顶端），让它与土星 5 号站在一起，也要低一头。

长征七号遥三运载火箭全箭总长60.7米，它是在长征七号火箭基础上改进而来，是我国新一代中型高轨液体运载火箭。

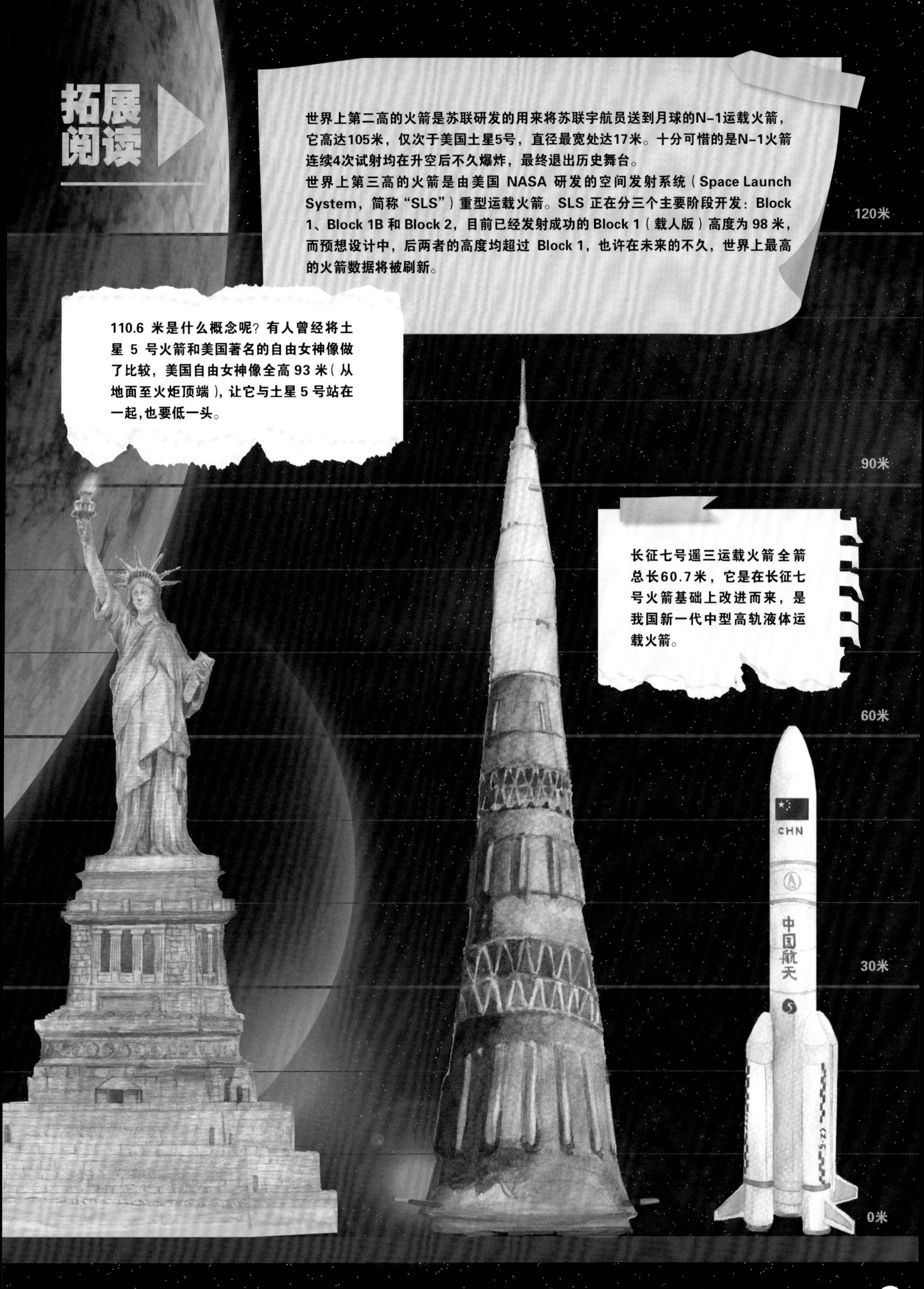

Z档案【07】世界上型号最多的火箭

——美国德尔塔系列运载火箭

小问号：长征系列有这么多种火箭，是不是型号最多的火箭系列啊？

Z博士：我国的长征系列运载火箭的确是有很多种型号，但是目前最庞大的火箭家族是美国德尔塔系列运载火箭，它是世界上成员最多，改型最快的运载火箭系列。

美国德尔塔系列运载火箭

德尔塔（Delta，三角洲）系列运载火箭是一个不可重复使用运载火箭的大家族，于1960年代开始进行美国的太空有效载荷任务，并发射388次，且成功率高达95%以上。德尔塔系列运载火箭是由“雷神”运载火箭改良，于1957年9月首度发射成功。雷神的最上级(第四节)又称“雷神-德尔塔”(Delta是希腊文中第四个字母)，最后简称整体火箭为“德尔塔”。

德尔塔系列运载火箭先后有A、B、C、C1、D、E、E1、F、F1、G、H、J、K、L、MM6、N、N6型运载火箭。在1972年，将原本的希腊字母命名法改为阿拉伯数字命名法，可应付时常改版的德尔塔系列运载火箭，避免字母的耗尽。

此后，德尔塔系列运载火箭先后有300系列、900系列、1000系列、2000系列、3000系列、4000系列、5000系列、6000 系列、7000 系列、8000 系列、9000 系列。

通常有四个数字表示，第一个数字代表燃料槽、第一级发动机和固体火箭的型号，第二个数字代表固体助推火箭的数量，第三个数字代表第二级火箭发动机的型号，第四个数字代表第三级火箭发动机的型号。

拓展阅读

中国长征系列运载火箭

长征系列运载火箭是我国自行研制的航天运载工具。1970年4月24日“长征一号”运载火箭首次发射“东方红一号”卫星成功。自此拉开长征系列运载火箭的序幕，迄今为止长征火箭已经拥有退役、现役共计4代20种型号。长征系列运载火箭技术的发展有力支撑了以“载人航天工程”“北斗导航”和“月球探测工程”为代表的中国国家重大工程的成功实施，为中国航天的发展提供了强有力的支撑。

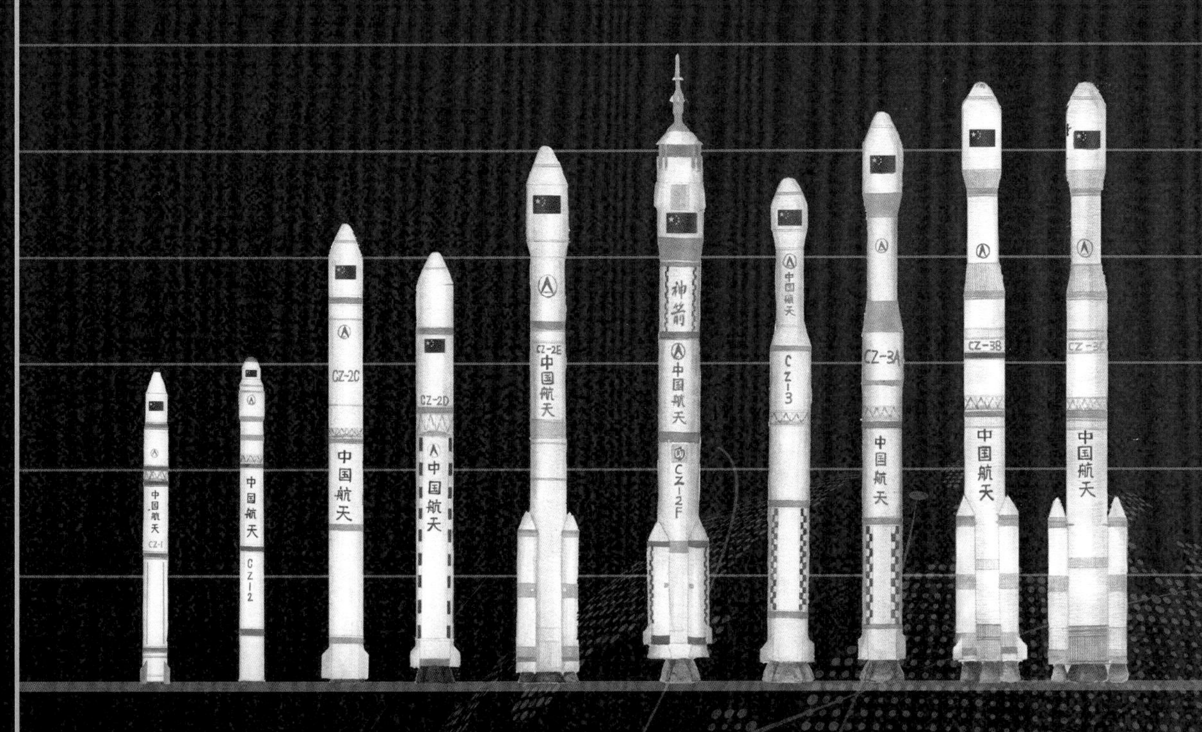

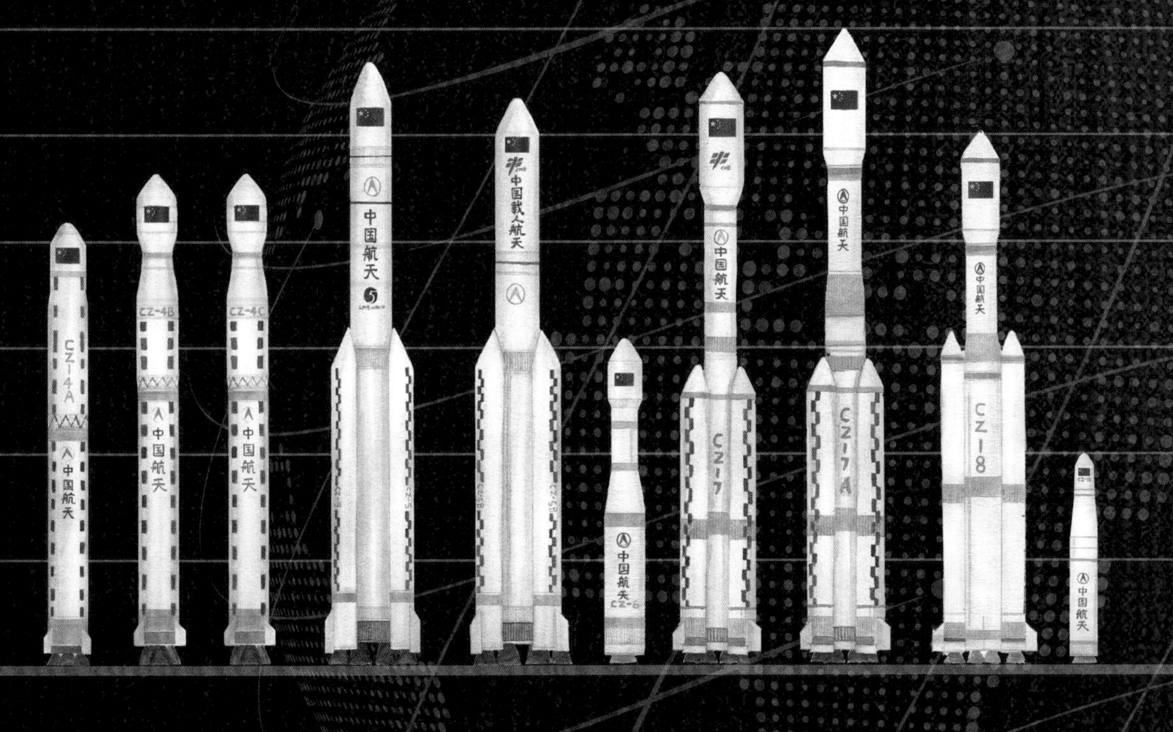

档案（08）

世界上现役运载能力最强的火箭

——美国空间发射系统重型运载火箭

小问号： 现在的运载火箭越来越强大了，能带这么重的货舱飞向太空！哪个火箭是运载能力最强的？

Z博士： 随着航天技术的发展，火箭具备了把人造地球卫星、载人飞船、航天站或行星际探测器等送入预定轨道的能力，目前在工作的火箭中，运载能力最强的是美国的空间发射系统重型运载火箭。

Block 1

Block 1B

Block 2

空间发射系统（Space Launch System，简称“SLS”）是NASA自2011年以来开发的一种基于航天飞机技术的重型运载火箭。SLS火箭目前的主要用途是搭载猎户座航天器进行阿耳忒弥斯计划，SLS正在分三个主要阶段开发：Block 1、Block 1B和Block 2，SLS Block 1型火箭已经在2022年11月16日的首飞中成功发射，它是现役火箭中运载能力最大的一枚。

每个 SLS 配置都使用带有四个 RS-25 引擎的核心级。SLS Block 1可以向月球以外的轨道发送超过27吨或59,500磅的重量。它将由两个五段固体火箭助推器和四个RS-25液体推进剂发动机提供动力。

（数据来自于NASA官方网站）

空间发射系统-Block 1的主要参数	
中文译名	空间发射系统-Block 1
其他译名	SLS火箭-Block 1
英文名称	Space Launch System-Block1
制造国家	美国
用途	航天飞机衍生重型运载火箭
首次发射	2022年11月16日
发射场	肯尼迪航天中心
总发射次数	1
成功次数	1
现状	服役
级数	2
高度	98 米
直径	8.4 米
质量	2,497,000 千克（载人版本）
运载能力	LEO 约 95 千克
	TLI 约 27 千克

数据来自于NASA官方网站

空间发射系统 Block 1

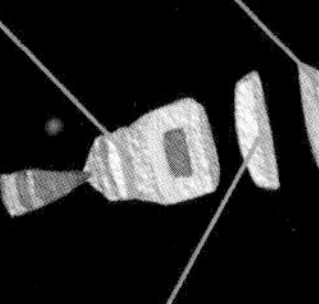

拓展阅读

我国目前运载能力最强的火箭是长征五号运载火箭，该火箭全箭总长56.97米，芯一、二级直径5.0米，单个助推器直径3.35米，火箭起飞质量约854.5吨，具备近地轨道25吨、地球同步转移轨道14吨的运载能力，与国际上主流火箭的运载能力相当。

（数据来自国家航天局宇航产品介绍）

现役火箭中运载能力排在第二位的是美国猎鹰重型运载火箭（FH, Falcon Heavy）是SpaceX 研发和制造的一款可重复使用超重型运载火箭，其近地轨道运载能力（LEO）达63.8吨，地球同步轨道运载能力（GTO）为26.7吨。2018年2月6日，火箭首飞成功。首次发射中携带的有效载荷为特斯拉跑车。

猎鹰重型运载火箭的主要参数	
中文译名	猎鹰重型运载火箭
英文名称	FH,Falcon Heavy
制造国家	美国
用途	可重复使用超重型运载火箭
首次发射	2018年2月6日
发射场	肯尼迪航天中心
总发射次数	3
成功次数	3
现状	现役
级数	2
高度	70 米
直径	12.2 米
质量	1,420,788 千克
运载能力	LEO 63,800 千克
	GTO 26,700 千克

Z档案【09】

世界上发射成功率最高的火箭
——中国长征二F火箭

小问号：太难了。

Z博士：任何事情都不是一蹴而就的，成功之前都要经历漫长的试验和一些失败，人类对太空的探索经历了漫长过程，发展道路饱含血泪。

航天领域硬核标准：要搭载载人航天器的运载火箭，自身可靠性要达到0.97，安全性要达到0.997。这组数据意味着火箭在100次发射任务中失败的次数不能超过3次，而在这3次可能失败的任务中，威胁航天员生命安全的概率小于0.003。

我国研制的长征二号F运载火箭（CZ-2F），是目前载人火箭中发射成功率最高的火箭。

CZ-2F运载火箭是在长征二号E运载火箭的基础上，按照发射载人飞船的要求，以提高可靠性、确保安全性为目标研制的火箭。目前，CZ-2F火箭是我国唯一一种载人运载火箭，具有两种状态，即发射天宫实验室状态和发射载人飞船状态。

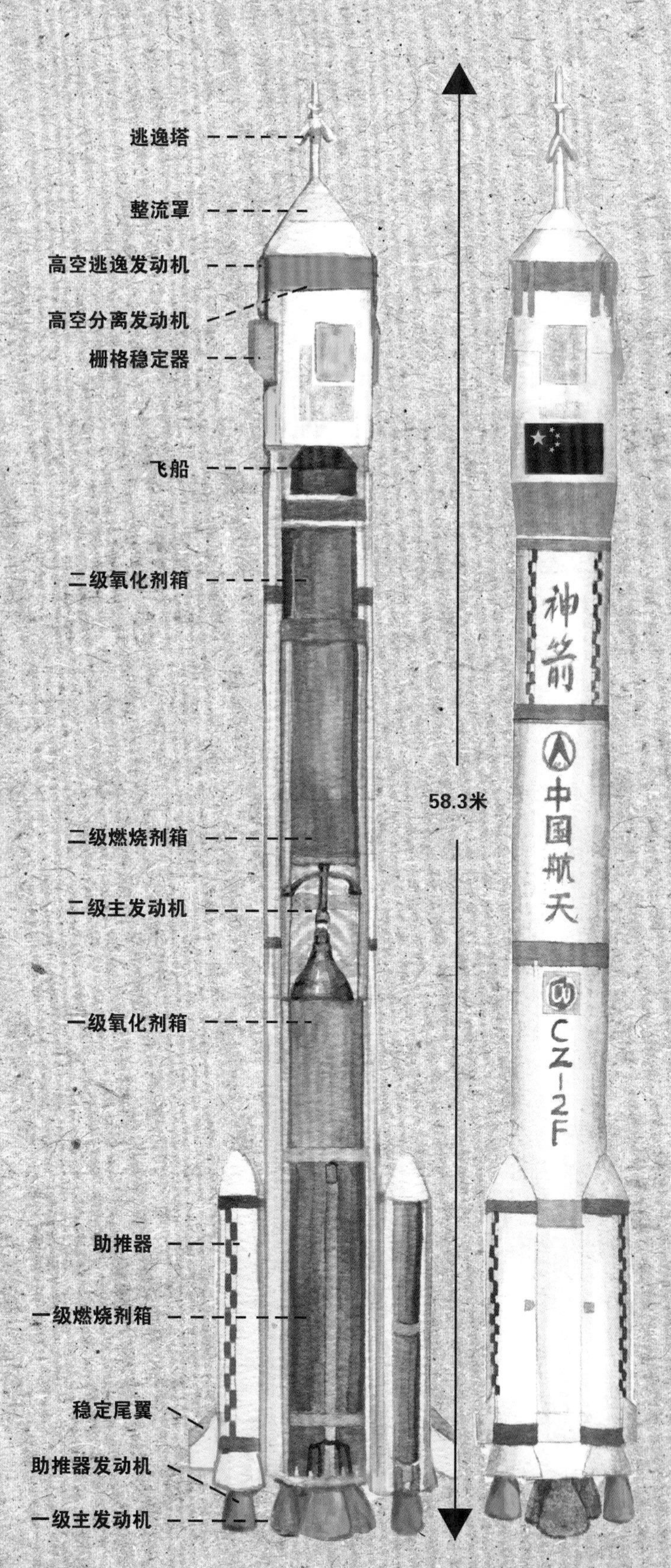

长征二号F各型基本参数

	基本型 (CZ-2F)	改进型 发射载人飞船型 (CZ-2F/G)	改进型 发射天宫型 (CZ-2F/G)
火箭全长/米	58.34		52
整流罩直径/米	3.8		4.2
芯级直径/米	3.35		
有无逃逸塔	有	有	无
起飞推力/千牛(吨)	5923千牛(604.387吨)		
起飞质量/吨	479.8	497	493
起飞推重比	1.26	1.22	1.23
运载能力/吨	8.4	8.8	
有效载荷质量/吨	7.8	8.13	8.6

拓展阅读 ▶ 历史上的航天事故

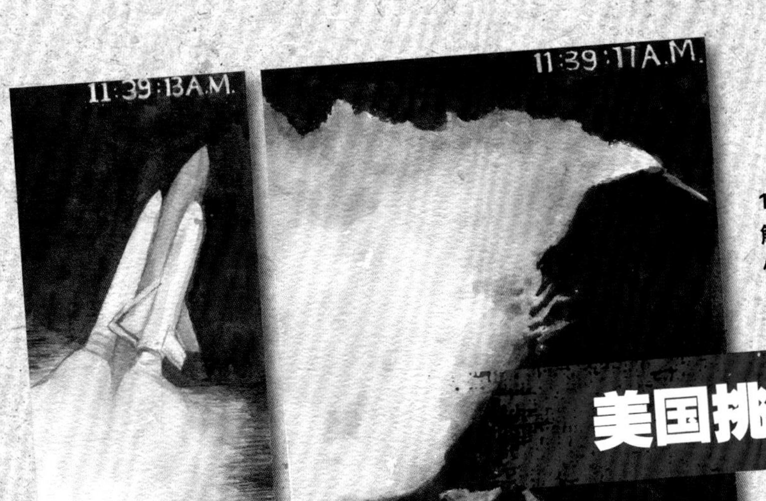

美国挑战者号爆炸事件

1986年1月28日，美国挑战者号航天飞机起飞73秒后解体，机上的7名宇航员遭遇了令人绝望的灾难，他们经历了200G的瞬时过载，全部遇难。

“联盟11号”事故

1971年6月6日，“联盟11号”飞船搭载的三位苏联航天员成功完成与世界上第一座空间站的对接，他们圆满完成了任务，但在返回地面过程中遭遇不幸。

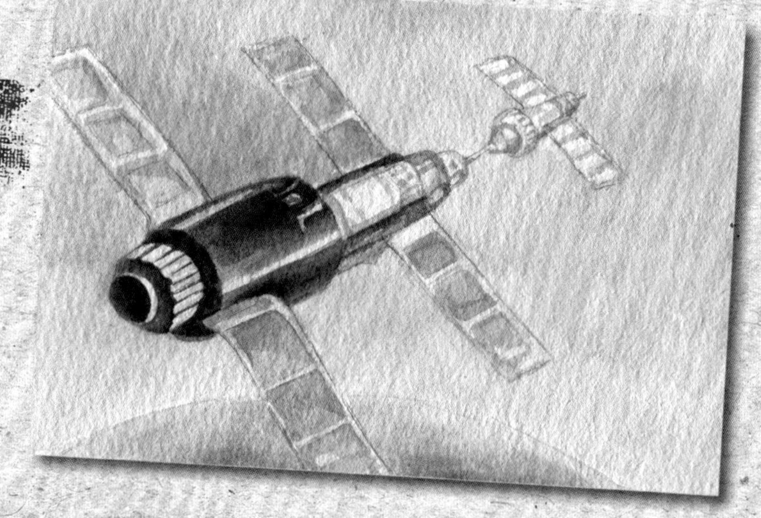

苏联东方号爆炸事件

1980年3月18日，苏联的“东方号”运载火箭在普列谢茨克发射场进行燃料加注期间，火箭发生爆炸，共导致50人丧生。这是人类历史上最严重的航天事故，直到1989年才被报道。

Z档案（10）

世界上发射次数最多的火箭

——俄罗斯联盟号系列运载火箭

小问号：博物馆很多火箭的名字都带有“长征”二字。

Z博士：长征系列火箭是“劳模”，发射次数非常多。

小问号：那世界上发射次数最多的火箭是谁呢？

Z博士：世界上发射次数最多的火箭是联盟号系列运载火箭，迄今已经累计发射1800余次，是火箭家族中当之无愧的“劳模”。

俄罗斯联盟号系列火箭

联盟号运载火箭（又译为联合号运载火箭，简称Soyuz）是苏联/俄罗斯研制的多用途运载火箭，起源于R-7洲际弹道导弹和“东方号”火箭，其较大推力的发动机和先进的捆绑助推器理念使其具备强大的升级潜力。

1969年R-7洲际弹道导弹纪念邮票

联盟号系列运载火箭历史悠久、使用频繁、可靠性高，苏联在联盟号火箭基础上发展了上升号、闪电号、联盟U、联盟FG、联盟2等多个型号，自1967年首次发射至2017年，联盟号系列运载火箭已先后执行过约1800次发射任务，在其鼎盛时期发射频率一度达到每年60次。2017年至今，联盟号系列运载火箭的部分现役型号仍在完成发射任务，在本国的行星探测器、通讯卫星发射，以及国际空间站的人员与物资运送等方面，联盟号系列火箭做出了无与伦比的贡献。

◀**联盟号U**（Soyuz-U）火箭自1973年投入使用，到2017年2月最后一次升空，共发射了786次，失败22次，发射成功率97.2%，是截至目前世界上发射次数最多的运载火箭。

美国火箭“劳模”

德尔塔（Delta，三角洲）系列运载火箭

德尔塔系列运载火箭是一个不可重复使用运载火箭的大家族，于1960年代开始进行美国的太空有效载荷任务，截至2023年6月底该系列运载火箭共发射388次，且成功率高达95%以上。但是由于高昂的发射费用，德尔塔系列重型火箭正在逐步退出舞台，美国SpaceX公司的猎鹰9号（Falcon9）运载火箭近年频发，自2010年6月以来，猎鹰9号运载火箭发射300余次，将有望在未来几年内取代前者地位，成为美国历史上发射次数最多的运载火箭。

中国火箭“劳模”

长征火箭系列

截至2022年底，我国长征系列运载火箭完成了458次飞行。长征系列火箭2022年全年发射53次，将其2021年创造的年度48次发射纪录进一步提升。长征系列运载火箭不断提升的能力和发射频次，让中国人探索太空的脚步迈得更远。

长征火箭每百次发射间隔时间不断缩短

第一个100次	37年
第二个100次	7年多
第三个100次	4年多
第四个100次	2年9个月

Z档案（11）

世界上重复利用次数最多的火箭
——美国SpaceX的猎鹰9号系列火箭

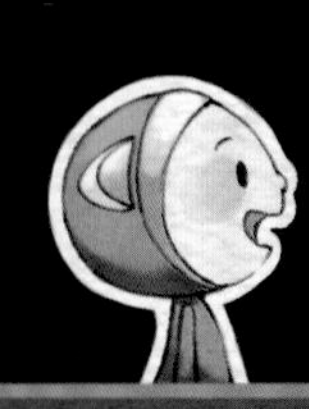

小问号：Z博士，你看这段视频，一级火箭在与二级火箭分离后，它竟然可以自己返回地球并垂直降落在海面平台上，感觉非常神奇，请问这是哪款火箭呀？

Z博士：这是美国民营商业航天公司SpaceX研制的猎鹰9号，是世界上第一枚可多次重复使用一级火箭的液体燃料运载火箭。你再看，它的编号“B1058.15”。其中，B1表示它是芯一级助推器，058表示它是SpaceX生产的第58枚芯一级，小点后面的15，表示它已经是第15次重复使用了。

Falcon 1
猎鹰1号
LEO运力:0.7t
1台发动机
已退役
成功率:2/5

Falcon 9 V1.0
猎鹰9号-V1.0
LEO运力:10.5t
9台发动机
已退役
成功率:4/5

Falcon 9 V1.1
猎鹰9号-V1.1
LEO运力:13.2t
可带栅格舵
可带着陆腿
可回收一级
已退役
成功率:14/15

Falcon 9 V1.2(FT)
猎鹰9号-V1.2
LEO运力:22.8t
全推力
可带栅格舵
可带着陆腿
可回收一级
可回收整流罩
服役中
成功率:64/64
(包括B5)

Falcon 9 Block 5
猎鹰9号-B5
LEO运力:22.8t
全推力
可带栅格舵
可带着陆腿
可回收一级
可回收整流罩
可载人
服役中
成功率:28/28

Falcon Heavy
猎鹰重型
LEO运力:63.8t
可带栅格舵
可带着陆腿
可回收一级
可回收整流罩
服役中
成功率:3/3

FH B5

类型	可回收重复使用液体运载火箭
级数	二级
制造商	美国太空探索技术公司（SpaceX）
高度	70米
直径	3.7米
质量	549吨
近地轨道有效载荷	22.8吨
太阳轨道有效载荷	8.3吨
火星有效载荷	4吨
发射场	卡纳维拉尔角、加州的范登堡空军基地等
首次发射	2010年6月4日
总发射次数	217
成功次数	214

猎鹰9号 Falcon 9

猎鹰9号（Falcon 9）是美国SpaceX公司设计制造的可回收重复使用的两级式中型运载火箭，可将人员和载荷可靠安全地运送到地球轨道及更远的地方，它打破了传统运载火箭只能一次性使用的思维惯性，使SpaceX能够反复使用火箭最昂贵的一级助推器部分，从而大幅降低火箭发射的成本，缩短了生产周期，提高了发射频率，开创了全球商业火箭发射的新局面。

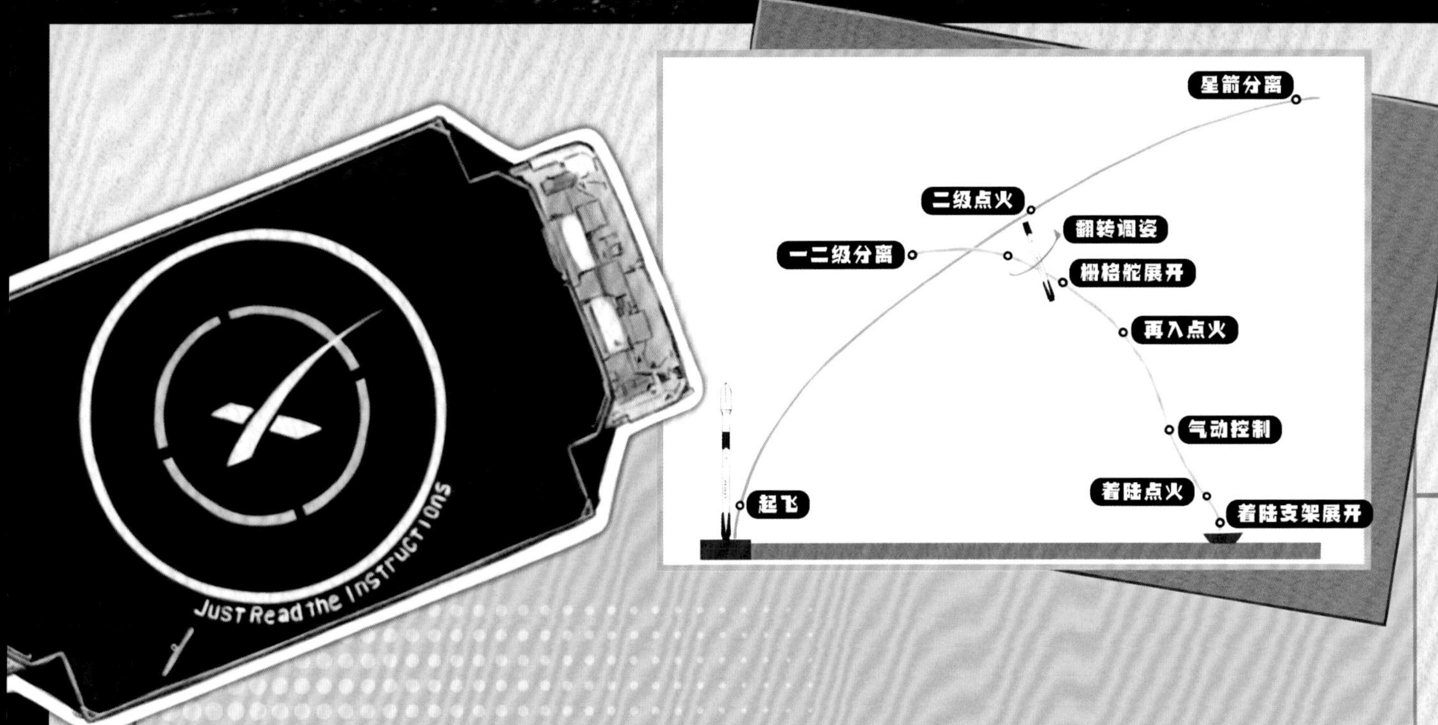

猎鹰9号发射星链等大质量载荷时，通常在海上由无人回收船进行芯一级的回收，回收过程如上图所示。而在它发射质量较小的载荷时，可以进行一次额外的返场点火以返回陆地发射场。

猎鹰9号于2010年6月4日完成首次发射，于2015年12月21日完成首次回收。截至2023年4月15日，猎鹰9号已发射217次，仅3次失败。其中，在近年Block5型猎鹰9号的159次成功发射中，除了8次不需回收的任务，共有147次回收成功和4次回收失败。

特别是，2022年12月28日，SpaceX在肯尼迪航天中心使用的是猎鹰9号火箭发射了第66批54颗星链卫星，并在海上回收了B1058.15芯一级。这个编号意味着猎鹰9号此枚火箭达成了创纪录的15次复用！据统计，通过多次复用，仅058这一枚一级火箭就参与发射了777颗星链卫星。随后在2023年1月3日，猎鹰9号B1060.15也达到了15次回收复用。目前SpaceX累计生产的88枚猎鹰芯一级中，有38枚为复用芯级，有6枚已经复用超过10次。

延伸阅读

回收方式对可重复使用运载火箭的设计至关重要，除了猎鹰9号这样的垂直回收方式，还包括伞降回收和带翼飞回

伞降回收

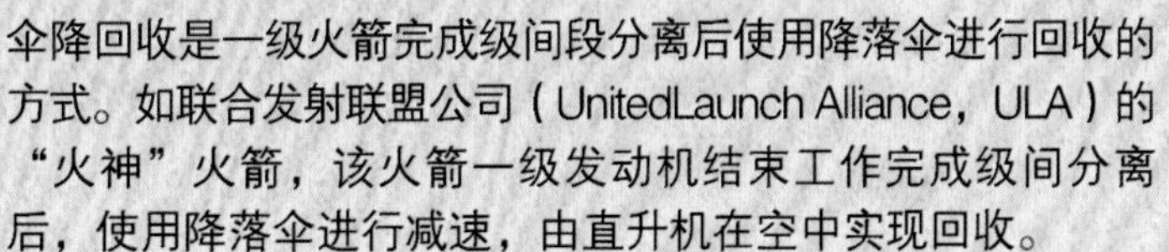
伞降回收是一级火箭完成级间段分离后使用降落伞进行回收的方式。如联合发射联盟公司（UnitedLaunch Alliance，ULA）的“火神”火箭，该火箭一级发动机结束工作完成级间分离后，使用降落伞进行减速，由直升机在空中实现回收。

带翼飞回

带翼飞回是一级火箭装备机翼、起落架等结构利用空气动力滑翔降落的回收方式。如俄罗斯提出的贝加尔号有翼助推器方案，贝加尔号为第一级带翼飞回式助推器，能够自动飞回发射场以像飞机一样着陆，设计可重复使用100次。

案【12】

世界上一次发射卫星最多的火箭——美国SpaceX的猎鹰9号运载火箭

小问号：Z博士您好，我听说有的火箭一次发射可以将多颗卫星一起送入太空，这很厉害吗？目前什么型号的火箭一次发星最多呀？

Z博士：有个术语叫“一箭多星”，这种发射方式能充分利用火箭的运力来降低卫星发射成本，世界上掌握这项技术的只有美、俄、中、印、日、欧等国家和地区。目前，一次发射卫星最多的火箭是美国的“猎鹰9号”，它一次将143颗卫星送上了太空。当然，“一箭多星”不能只关注卫星的数量，也要看这些卫星加起来的总重量及入轨的高度和方式，只有“又多、又重、又高、又准”的才是真的厉害。

美印俄中“一箭多星”情况对比

国家	火箭	GTO运力	发射时间	发射地点	卫星总数	卫星总重	入轨方式
美国	猎鹰9号	8.3吨	2021年1月24日	佛罗里达州卡纳维拉尔角（地上发射架）	143颗	约5吨	“拼车式”12波次释放、精确入轨
印度	PSLV-C37	1.5吨	2017年2月15日	斯里赫里戈达岛萨迪什·达万航天中心（地上发射架）	104颗	1.378吨	“顺风车式”主星入轨后10分钟内释放101颗纳米卫星、粗放入轨
俄罗斯	第聂伯	4.5吨	2014年6月20日	杜巴罗夫斯基（地下发射井）	37颗	约2吨	“顺风车式”33颗卫星以30秒时间间隔在轨相继部署
中国	长征八号	4.5吨	2022年2月27日	海南文昌（地上发射架）	22颗	1.759吨	“拼车式”12波次释放、精确入轨

01:31:10 开始部署首批极地轨道星链:10颗卫星
01:16:28 开始部署D轨道公司的脉冲任务:20个航天器
01:16:10 开始部署美国弗吉尼亚宇航公司的轨道转移器Sherpa-FX1:搭载13个航天器
01:15:38 开始部署Capella-4(嘉佩乐-4)
01:16:23 开始部署美国弗吉尼亚宇航公司的客户卫星:iQPS-2卫星
01:14:10 开始部署EXOport-1:2颗ICEYE卫星
1:13:58 开始部署Capella-3(嘉佩乐-3)
开始部署EXOport-2:28个航天器
开始部署纳诺拉克斯旗下鹰巢-1:9个荷载
开始部署NASA旗下的V-R3X任务:水星分配器搭载3颗立方体卫星
开始部署开普勒通信星座17个航天器
开始部署行星实验室旗下36颗超级格子卫星
二级真空发动机第二次关闭(SECO-2)
二级真空发动机第二次点火(SES-2)
一级火箭着陆OCISLY海上平台距发射场553公里
二级火箭真空发动机关闭(SECO)
一级火箭再入点火
整流罩展开
二级真空发动机点火
一二级火箭分离
一级火箭9台发动机全部关闭(MECO)
火箭通过最大空气阻力点(Max Q)

发射后动作

鹰9号”一箭143星”

发射前动作

猎鹰9号发射升空
发动机控制器启动点火程序
SpaceX发射主管发出GO发射指令
推进剂舱开始加压
飞行计算机启动发射前的最后自动监测
开启发动机冷却，液氧通过发动机管道
二级火箭开始加注液态氧
一级火箭开始加注液态氧
高纯度煤油开始加注
SpaceX发射主管确认火箭推进剂加注指令

资料来源:

1.SpaceX 官网，http://SpaceX.com。
2. 三体引力波，《一箭 143 星 SpaceX 刷新全球发射之最，占目前在轨卫星总量 5%!》，http://news.sohu.com/a/446531834_735420。

猎鹰9号Transporter-1
卫星载荷堆栈照

Z档案【13】世界上海上发射次数最多的火箭
——海上发射公司的天顶-3SL号火箭

小问号：Z博士，陆地面积那么大，为什么还要去海上发射火箭？

Z博士：因为赤道区域拥有465.1米/秒的地球最高自转线速度，火箭发射距离赤道越近，就越能利用地球自转的力量，减少所需燃料，增加运载能力，降低发射成本。所以很多远离赤道的航天大国，纷纷建设海上发射平台，将火箭运到靠近赤道的地方发射。而且在海上还能灵活选择合适的位置进行发射，并且减少火箭残骸坠落伤人的隐患。特别是现在绝大多数海上发射和回收平台都是无人化、智能化的，进一步降低了火箭发射的风险。

海上发射次数全球第1

1995年，由美国、挪威、乌克兰和俄罗斯共同出资组成了一家合资企业海上发射公司，2010年破产重组，2016年被俄罗斯S7 Space公司收购，拥有海上发射指挥船（Sea Launch Commander）和奥德赛（Odyssey）号发射平台，该公司已使用天顶-3SL号火箭实施了50余次海上商业发射任务，海上发射次数全球排名第一。

类　型	液体运载火箭
级　数	三级
制造商	海上发射公司
高　度	59.6米
直　径	3.9米
质　量	471吨
近地轨道有效载荷	5吨
发射场	奥德赛(Odyssey)号发射平台等
首次发射	1999年3月27日
总发射次数	56
成功次数	52

ZENIT-3SL
SEALAUNCH

圣马科发射平台
San Marco platform

1966年投入使用的意大利圣马科发射平台(San Marco platform)，是世界首个海上移动式实操发射场，位于非洲东部肯尼亚东海岸的恩格瓦纳海湾，距海岸4.8千米，包括一个发射平台和一个指挥平台，多次使用美国的“侦察兵”火箭发射小型航天飞行器。

2024年1月11日，在山东海阳附近海域，中国的引力一号遥一商业运载火箭成功发射，将搭载的3颗卫星顺利送入预定轨道。引力一号运载火箭首飞即采用难度较高的海上发射，刷新了全球运力最大固体运载火箭、中国运力最大民营商业运载火箭纪录。

2022年12月9日

中国捷龙三号运载火箭在中国黄海海域成功发射，将14颗卫星准确送入预定轨道。此次任务为中国连续第五次海上发射成功。

类　型	固体运载火箭
级　数	四级
制造商	中国长征火箭有限公司
高　度	31.8米
直　径	箭体2.64米 整流罩直径3.35米
质　量	140吨
近地轨道有效载荷	1.5吨
发射场	黄海海域、中国东方航天港等
首次发射	2022年12月9日
总发射次数	1
成功次数	1

延伸阅读

海上火箭冷发射是先利用弹射器，把火箭弹射到空中再点火，好处是可以保护发射平台，缺点是需要一个比较大直径的发射筒，加工周期和加工难度会成倍的增长。中国的长征十一号火箭就是采用这种方式发射。

海上火箭热发射，就是火箭发射的动力来源于火箭本身，在船上执行点火程序后，直接进入飞行程序。好处是节约了发射的成本，减少了准备周期；缺点是技术难度大，国际上成功的案例比较少。中国捷龙三号火箭就是采用这种方式发射。

Z档案【14】

世界上最先打破民企发射魔咒的火箭
——中国天兵科技的天龙二号火箭

小问号：Z博士您快看新闻，我国“天龙二号”火箭发射成功啦！听说还打破了什么“魔咒”！

Z博士：人类奔向太空的征途从来不会一帆风顺，从2006年SpaceX猎鹰一号火箭首发失败开始，全球所有新成立航天企业的首次液体火箭发射均以失败告终，这一“民企发射魔咒”终于被中国天兵科技的天龙二号液体火箭打破了，同时创造了多项新纪录！

型号	猎鹰1号	电子号	运载器1号	火箭3	阿尔法	朱雀二号	RS1
失利原因	海雾腐蚀致煤油泵入口压力传感器铝制螺母失效，煤油泄漏着火。	第三方遥测公司设备故障导致数据异常，实际正常的火箭自毁。	发射后不久一级发动机液氧泵后管路破裂。	导航系统故障；起飞后不久即失利。	一级2分机主阀意外关闭，在最大动压区附近自毁。	二级主机关机后游机异常，具体待通报。	起飞不久一级9台发动机全部关机，火箭落回发射场爆炸 具体待通报。

入轨
抛整流罩
一二级分离
最大动压点
起飞

猎鹰1号 电子号 运载器1号 火箭3 阿尔法 朱雀二号 RS1

外观							
国家	美国	美国	美国	美国	美国	中国	美国
研制方	SpaceX	火箭实验室	维珍轨道	群星公司	萤火虫航天	蓝箭航天	ABL
级别	小型火箭	小型火箭	小型火箭	小型火箭	小型火箭	中型火箭	小型火箭
级数	2	2	2	2	2	2	2
推进剂	液氧煤油	液氧煤油	液氧煤油	液氧煤油	液氧煤油	液氧甲烷	液氧煤油
起飞重量	28吨	13吨	26吨	11吨	54吨	219吨	-
箭体直径	1.7米	1.2米	1.8米	1.3米	2.2米	3.35米	1.8米
首飞日期	2006.3.24	2017.5.25	2020.5.25	2020.9.11	2021.9.2	2022.12.14	2023.1.10

2023年4月2日

以张家港市命名的中国天龙二号液体运载火箭首飞箭在酒泉基地LC-1XX场坪发射台点火起飞、成功发射将一枚遥感卫星送入500公里高度的太阳同步轨道。

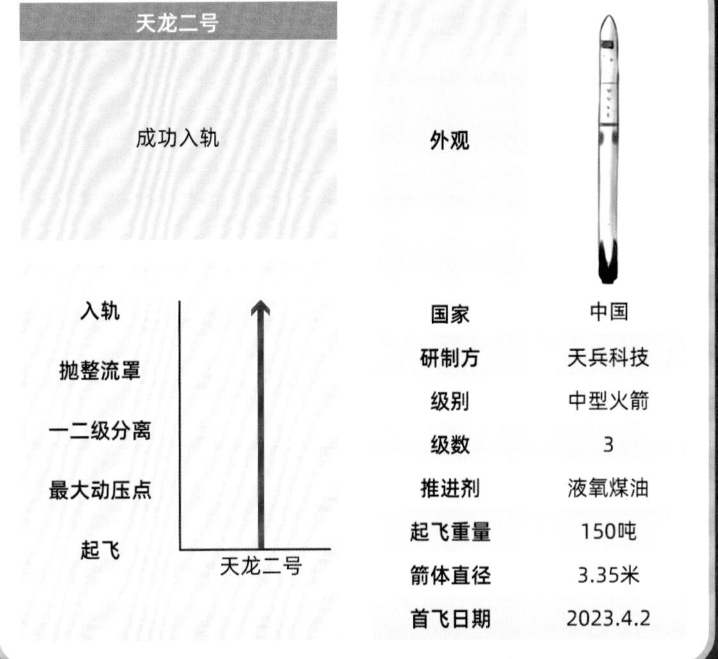

外观	
国家	中国
研制方	天兵科技
级别	中型火箭
级数	3
推进剂	液氧煤油
起飞重量	150吨
箭体直径	3.35米
首飞日期	2023.4.2

中国天龙二号运载火箭首飞成功，一举开创了7项新纪录

1. 全球民营航天首家液体运载火箭首次成功入轨飞行；
2. 全球首款应用煤基航天煤油飞行的运载火箭；
3. 中国首款不依托发射工位的液体运载火箭；
4. 中国首款采用3D打印高压补燃发动机的运载火箭；
5. 中国首款采用3机并联发动机技术的运载火箭；
6. 中国首款采用全铝合金表面张力贮箱姿轨控系统的运载火箭；
7. 中国首款实现箭体结构重复使用的运载火箭。

Z档案【15】

世界上联合开发国家最多的火箭
——欧洲航天局阿丽亚娜系列火箭

小问号：Z博士，刚刚成功发射了一颗木星探测器的阿丽亚娜火箭，听说是属于欧洲而非某一国家的？这是怎么回事呀？

Z博士：准确的说阿丽亚娜系列火箭是由欧洲航天局（European Space Agency，简称欧空局或ESA）研发的。欧空局成立于1975年，当时有10个创始成员国，现在已经拥有了22个成员国了。阿丽亚娜系列火箭是欧洲在航天领域联合自强的象征，共有1至6型。目前现役的是阿丽亚娜5ECA+型火箭，以及计划今年首飞的阿丽亚娜6型火箭。

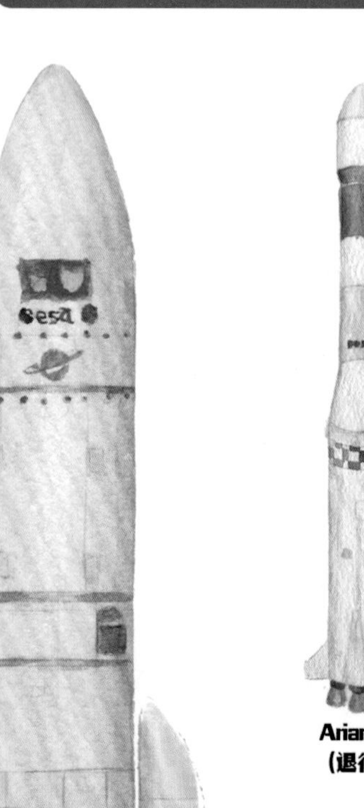

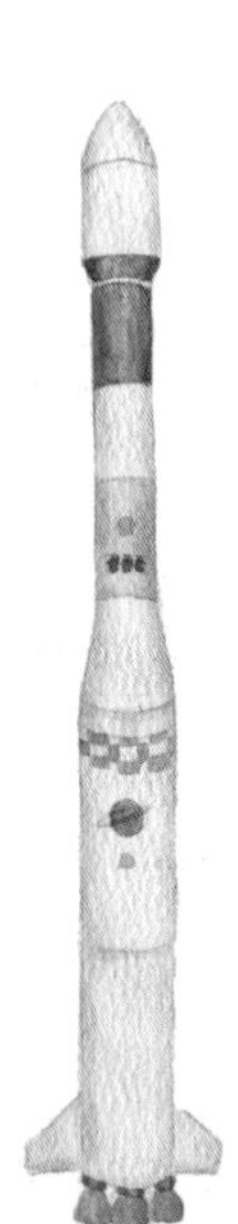

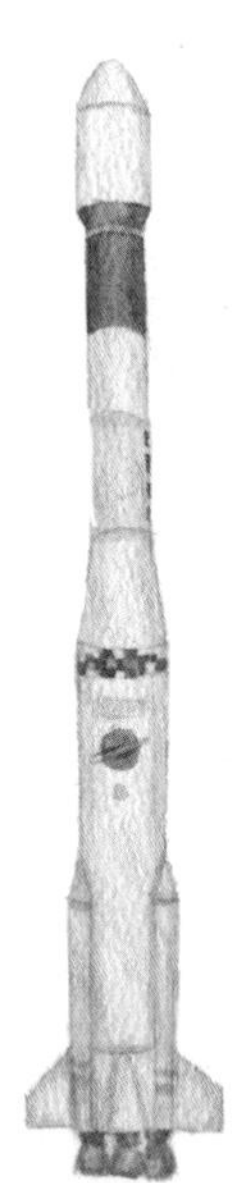

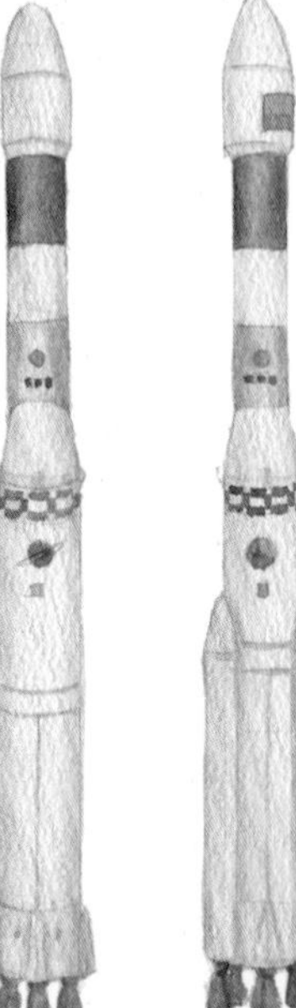

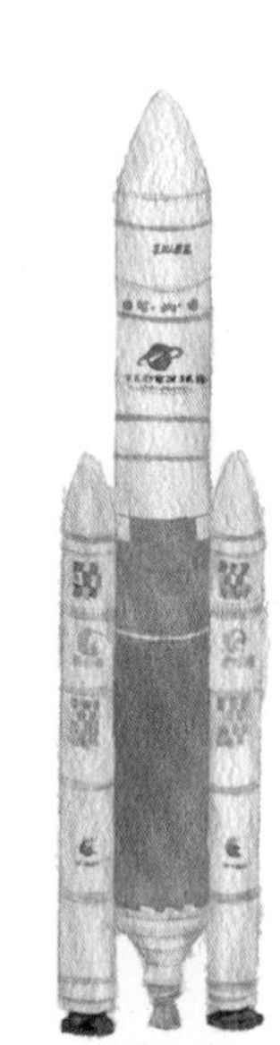

Ariane 1（退役） Ariane 2（退役） Ariane 3（退役） Ariane 4 (40)（退役） Ariane 4 (AL)（退役） Ariane 5（退役） Ariane 6（现役）

国　　籍	欧洲
研发机构	欧空局
高　　度	50.5米
直　　径	5.4米
质　　量	780吨
级　　数	两级半
LEO载荷	20吨
GTO载荷	10吨
退役日期	2023年7月5日
累计发射	117次，失败2次

资料来源：阿丽亚娜官网

延伸阅读

欧洲航天局现有22个成员国，分别是法国、德国、意大利、西班牙、英国、比利时、丹麦、荷兰、瑞典、瑞士、爱尔兰、挪威、奥地利、芬兰、葡萄牙、希腊、匈牙利、波兰、罗马尼亚、爱沙尼亚、卢森堡和捷克。其总部设在法国巴黎，技术研究中心设在荷兰诺德韦克，操作监控中心设在德国达姆施塔特，研究所设在意大利弗拉斯卡蒂，航天员中心设在德国科隆，天文中心设在西班牙马德里，主要使用法属圭亚那库鲁的圭亚那航天中心实施火箭发射。

Z档案（16）

世界上“最受瞩目的”在研火箭

——美国SpaceX的星舰

小问号：Z博士，星舰终于首飞啦，可惜没能成功，您说马斯克“移民火星”的梦想会实现吗？

Z博士：千里之行始于足下。尽管被称为“史上最强”的星舰首飞失败，影响到马斯克移民火星和NASA重返月球的进度。但毋庸置疑，人类迈向“多星球物种”的征途又前进了一小步。

千枚星舰

SpaceX完全可重复使用运输系统“星舰”是马斯克火星梦想的基石。据称，马斯克的火星移民计划是在未来几十年中运送一百万人类上火星，并在火星上建造一座自给自足的城市。而运输工具就是“星舰”，他希望建造1000枚以上的“星舰”运送人类和货物到火星。

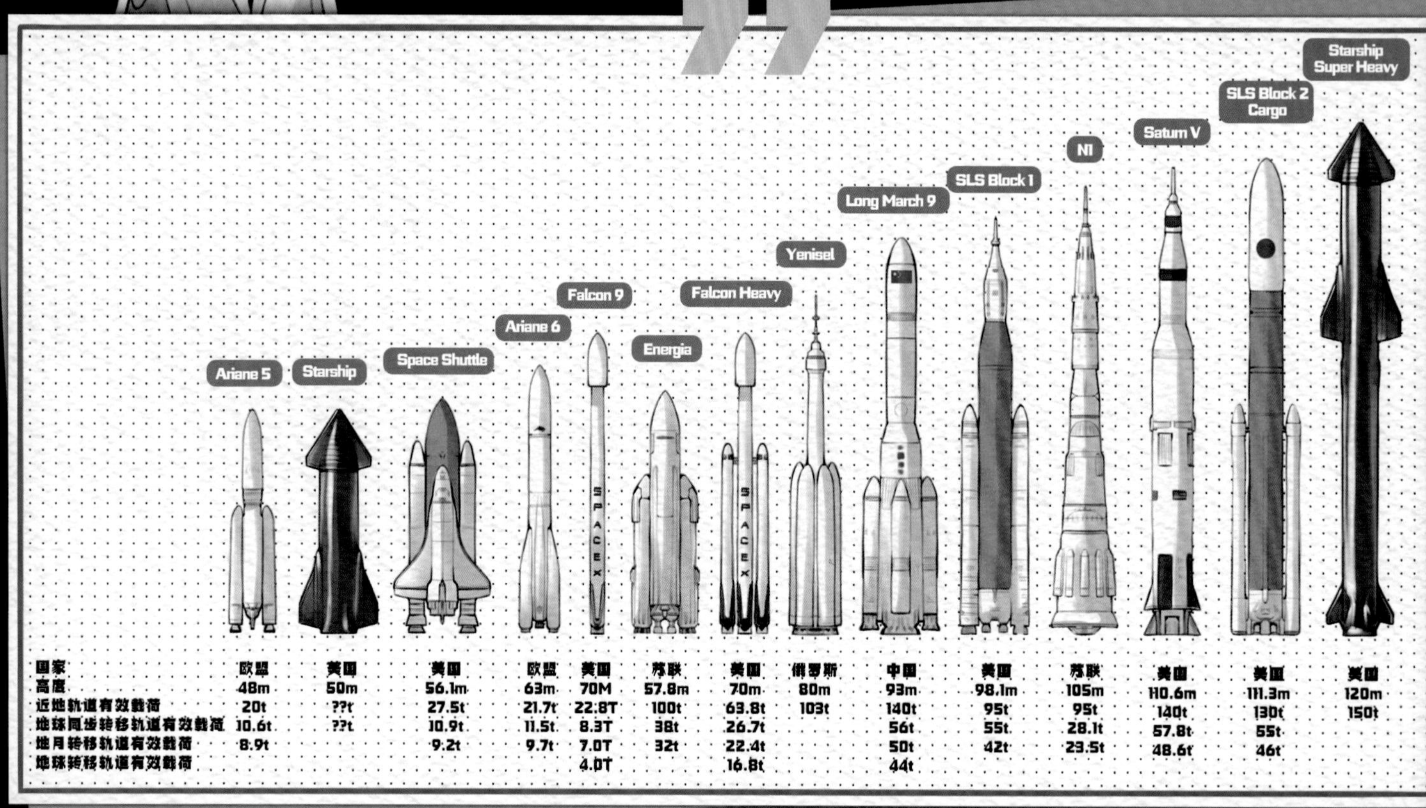

	Ariane 5	Starship	Space Shuttle	Ariane 6	Falcon 9	Energia	Falcon Heavy	Yenisei	Long March 9	SLS Block 1	N1	Saturn V	SLS Block 2 Cargo	Starship Super Heavy
国家	欧盟	美国	美国	欧盟	美国	苏联	美国	俄罗斯	中国	美国	苏联	美国	美国	美国
高度	48m	50m	56.1m	63m	70M	57.8m	70m	80m	93m	98.1m	105m	110.6m	111.3m	120m
近地轨道有效载荷	20t	??t	27.5t	21.7t	22.8T	100t	63.8t	103t	140t	95t	95t	140t	130t	150t
地球同步转移轨道有效载荷	10.6t	??t	10.9t	11.5t	8.3T	38t	26.7t		56t	55t	28.1t	57.8t	55t	
地月转移轨道有效载荷	8.9t		9.2t	9.7t	7.0T	32t	22.4t		50t	42t	23.5t	48.6t	46t	
地球转移轨道有效载荷					4.0T		16.8t		44t					

如果星舰发射成功，它将成为有史以来最强大的运载火箭。20世纪六七十年代用于“阿波罗”登月计划的美国“土星5号”火箭，高约111米，可将约130吨有效载荷带入地球轨道，将约50吨有效载荷送往月球，至今仍享有“人类最强运载火箭”的美誉。最近执行“阿耳忒弥斯2号”载人绕月飞行任务的新一代重型火箭“太空发射系统”，可向近地轨道发射约95吨有效载荷，并将27吨以上的载荷送入月球轨道。SpaceX目前最强大的“猎鹰重型”运载火箭也只能将64吨的载荷送入近地轨道。相比之下，“星舰”设计的近地轨道运载能力可达150至250吨，还能将超过100吨的有效载荷送上月球乃至火星。马斯克曾说“星舰”与专门用于载人登月的土星5号和太空发射系统不同，它凭借强大的运载能力和多用化设计，可执行星链卫星发射、向月球和火星运送航天员和设备，以及更富科幻色彩的外星移民和太空矿业开发等任务。

类　型	全部可回收重复使用液氧甲烷运载火箭
级　数	二级
制造商	美国太空探索技术公司（SpaceX）
高　度	约120米（一级高69米，飞船高50米）
直　径	9米
质　量	5000吨
近地轨道有效载荷	回收150吨 / 不回收250吨
太阳轨道有效载荷	100吨
火星有效载荷	100吨
发射场	美国德州星港（Starbase）
首次发射	2023年4月20日
总发射次数	1
成功次数	0

超重型助推器+星舰航天器

星舰整体高120米，直径9米，主要由两部分组成。其中，星舰的底部是配备有33台猛禽发动机组成的超重型助推器“超重火箭”，是星舰的第一级，约高70米；而星舰的顶部是配备有3台“猛禽”发动机和3台“猛禽真空”发动机的星舰航天器“星舰飞船”，约高50米；甚至就连星舰的发射和捕捉塔也是世界之最的水准，全高达146米。“猛禽”发动机采用液氧甲烷推进剂，推力是SpaceX猎鹰9号火箭“梅林”发动机的两倍。火星大气中的甲烷令SpaceX有朝一日可以在火星上为“星舰”补充燃料。

SPACEX STARSHIP

2023年4月20日，在星舰的首次试飞任务中，不搭载卫星，升空高度200多千米，算是亚轨道飞行绕地球不满一圈，且可回收的两级首次试验均不回收。原计划一级B7在海上软着陆后沉入海底，飞船S24在海上硬着陆。实际中在起飞时一级B7的3台发动机未点燃，最终累计5台发动机未点燃，火箭姿态失控。起飞约4分钟后，启动飞行终止系统火箭爆炸自毁。

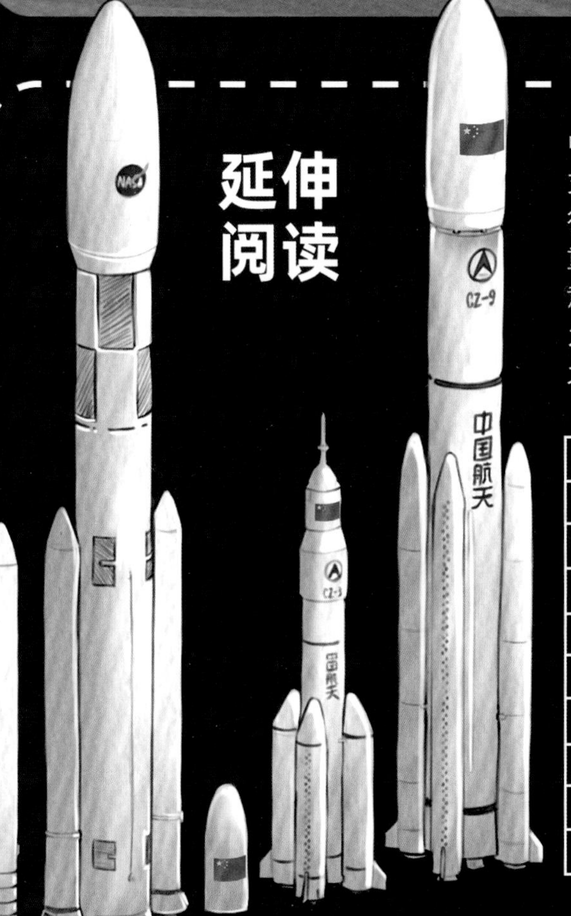

延伸阅读

中国“最受瞩目的”的在研火箭是长征九号，研制的目标是支撑中国载人登月、火星取样返回、载人登火、太阳系外圈行星探测和空间太阳能电站建设等任务需求。可以说，这款重型火箭是中国航天史上的一次巨大飞跃，具有里程碑式的意义，包括液氧甲烷发动机、可重复使用等创新技术都将成为中国新的科技名片和航天发展的新起点。2023年4月，长征九号重型火箭通过关键技术评审，预计将在2030年前首飞。

类　型	可回收复用液氧甲烷火箭运载火箭
级　数	三级
制造商	中国运载火箭技术研究院
高　度	约103米
直　径	10米
质　量	4137吨
近地轨道有效载荷	140吨
地月转移轨道有效载荷	50吨
发射场	文昌航天发射场
首次发射	预计在2030年前